파워불도저 장비

관우가 자신과 대적할 유일한 인물이라고 평가할 정도로 뛰어난 장수. 술을 좋아하고 성미가 급하여 사고를 많이 침.

천하제일 소심남 유비

황제의 숙부로 다소 우유부단 하지만 부족한 지성을 후덕함으로 극복함. 현실에서 온 치우가 수학을 이용해 황건적을 물리치는 데 도움을 줌.

최강의 형님 바보 관우

무예와 힘이 뛰어나 혼자 능히 만 명을 상대할 만하다는 평을 받는 장수. 침착하고 사리분별이 뛰어남.

난세의 간웅 조조

처세술이 뛰어나고, *난세의 *간웅이라고 할 정도로 재주가 출중하고 모략에 능함. 현실에서 온 성하가 수학을 이용하여 도움을 줌.

* 난세 : 전쟁이나 무질서한 정치 따위로 어지러워 살기 힘든 세상.
* 간웅 : 간사한 꾀가 많은 영웅.

후한의 무장, 폭군 동탁

한나라의 무장으로 중랑장이 된 뒤, 황실로 들어와 영제가 병으로 죽은 뒤 소제를 황제의 자리에 앉히고 어린 황제를 이용하여 권력을 마음대로 행사했다. 자신의 말을 듣지 않은 사람은 모조리 옥에 가두는 등 폭정을 일삼았다.

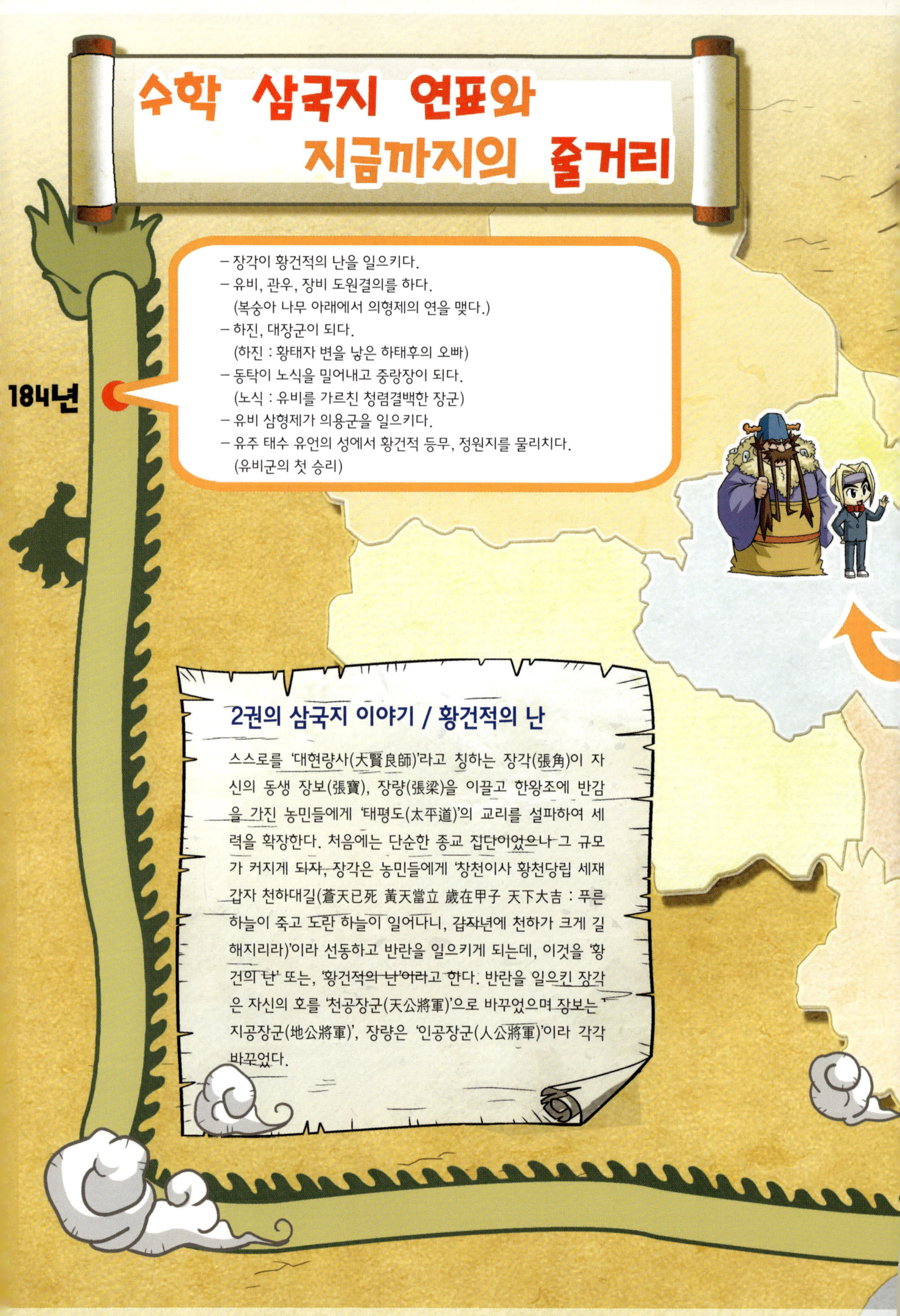

2권의 삼국지 이야기 / 황건적의 난

스스로를 '대현량사(大賢良師)'라고 칭하는 장각(張角)이 자신의 동생 장보(張寶), 장량(張梁)을 이끌고 한왕조에 반감을 가진 농민들에게 '태평도(太平道)'의 교리를 설파하여 세력을 확장한다. 처음에는 단순한 종교 집단이었으나 그 규모가 커지게 되자, 장각은 농민들에게 '창천이사 황천당립 세재 갑자 천하대길(蒼天已死 黃天當立 歲在甲子 天下大吉 : 푸른 하늘이 죽고 도란 하늘이 일어나니, 갑자년에 천하가 크게 길해지리라)'이라 선동하고 반란을 일으키게 되는데, 이것을 '황건의 난' 또는, '황건적의 난'이라고 한다. 반란을 일으킨 장각은 자신의 호를 '천공장군(天公將軍)'으로 바꾸었으며 장보는 '지공장군(地公將軍)', 장량은 '인공장군(人公將軍)'이라 각각 바꾸었다.

스토리텔링 영역별 학습 만화 도형·측정 편
수학 삼국지
글·그림
분홍돌고래, 이대종
2
황건적의 난(1)

등장 인물

천방지축 수학천재 치우

남에게 지는 것을 싫어하고 말썽도 많이 피우지만, 누구보다 따뜻한 마음씨의 소유자. 타고난 천재가 아닌 열심히 노력하는 수재. 라이벌인 도해와 1인자를 다툼. 국제 올림피아드를 치루기 위해 영국으로 가던 도중 비행기 추락으로 성하, 도해와 함께 삼국지 시대로 빨려들어가 유비 진영에 떨어짐. 수학을 이용하여 유비를 도와 줌.

팔방미인 엄친딸 성하

톱 여배우의 딸인 성하는 이쁘고 수학천재이기도 한 팔방미인이지만 진정한 친구를 사귀고 싶은 외톨이. 치우, 도해와 함께 삼국지 시대로 빨려들어가 조조 진영에 떨어져 수학을 이용하여 조조를 도와줌.

자아도취 꽃미남 도해

늘 1등만 하는 수학 천재에 잘생기기까지 해서 모든 이에게 부러움과 사랑을 한몸에 받지만 속마음은 이기심에 가득 차 있는 잘난척 대마왕. 치우, 성하와 함께 삼국지 시대로 빨려들어가 어쩔 수 없이 악의 화신 동탁과 지내게 됨.

지금까지의 줄거리

학교 대표 수학 천재로 불리는 장치우. 그러나 모든 수학 경시 대회를 나갈 때마다 에이스 초등학교의 꽃미남, 수학 천재 아이돌 도해에게 항상 1등을 빼앗기기만 한다. 수학왕의 자리를 차지하기 위한 치우와 도해의 치열한 라이벌전 앞에 나타난 국민 여배우 이민정의 딸인 또 다른 수학 천재 성하. 이 아이들이 한국 대표로 영국에서 열리는 세계 수학 경시 대회에 나가기 위해 비행기를 타게 된다. 그러나 갑작스런 기상악화에 치우, 도해, 성하가 탄 비행기가 추락할 위기에 놓이게 된다. 그런 아이들 앞에 나타난 정체불명의 목소리, '수학으로 천하를 얻어라. 길이 열릴 것이다!' 부서져 가는 비행기에서 추락하게 되는 치우 와 도해, 그리고 성하. 그런데 눈을 떠 보니 여기! 삼국지 시대의 중국?!
복숭아나무 아래에서 형제가 되기로 맹세를 하는 유비, 관우, 장비 앞에 치우가 떨어지게 되는데… 과연 이 아이들의 운명은?!

차례

1화
유비, 의용군을 모집하다!
슈욱
쿵
파악
화르륵!
아악!!
황건적이다!
황건적이
나타났다!
까악!!
크흐흐
황건적
중국 후한 말기에 장각이라는 인물을 우두머리로 하여 허베이에서 일어난 머리에 누런 수건을 두른 도적. 태평도라는 종교를 세워 반란을 일으켰다.
황건적 우두머리
장각

크아
우아아아
으흐
닥치는 대로
약탈하랏!!!
썩어빠진
한나라 관리들을 몰아내고
우리가 세상을 차지한다!!!

안돼요!
이건 우리 가족
식량입니다!
우리는 세상을 구할
것이니, 너희들의 물
건을 가져가도
불만갖지 마라.
시끄럿!!!
저리 비켓!
이럇!
다
각
비상 사태다!
말아!
어서 달려라!!!
다
각
*급보요!
북부위 조조님께
알립니다!!
쿵
쿵

* 관군 : 예전에, 국가에 소속되어 있던 정규 부대.

* 부관 : 지휘관의 명령을 받아 각종 행정 업무를 맡아보는 참모 장교.

* 내시 : 후궁에서 시중드는 거세된 남성. [같은 말] 환관.
후궁에는 왕과 황제의 부인들이 기거하기 때문에 내시만 임용함.

무슨 일이냐?
앗! 조조님!
어떡하지?
저 사람을 들여보내지
않으면 후환이
있을텐데…
수군
수군

조조 사령관님! 저자는
나는 새도 떨어뜨린다는
내시 건석의 친척이니 들여
보내지 않으면 저희 목이
성치 않을 것입니다요.

그렇소.
네가 성문
수비 대장이냐?
쿵!

내가
누군지도
알겠네?
알고 있소.

* 솔선수범(率先垂範) : 앞장서서 모범을 보이는 것.

내시의 권력이
이렇게 강하니, 나라의
기강이 무너지는구나!
황제 폐하께 내 목을 걸고
바른 말을 해야겠다!
다그닥
다그닥
척!
뭐냐.
북부위 조조요.
황제 폐하를 알현하러
왔소.

* 탐관오리 : 탐욕많고 부정을 일삼는 벼슬아치.

황제 폐하
만만세!!

응?
풍악을 멈춰랏!
일 잘한다는
북부위 조조가
아닌가?

어인 일로 이 밤중에
이렇게 급하게
찾아왔는고?

한 영제 유 굉

황제 폐하!
북부위 조조가 감히
아뢰옵니다!

지금 나라의
상태가 어떤지
아시옵니까?

폐하! 저런 말단
관리의 말을 들으실
필요 없사옵니다.

무엄하다.
조조!

아니다.
계속해라.
조조!

무릇 백성을 다스리는 관리는 백성이 겨울에는 춥지 않게 하고 흉작에는 밥을 굶지 않게 해 주며 도둑들의 침입에는 목숨을 걸고 막아내는 것이 도리이옵니다.
조조 네 말이 옳다. 그런데?
* 10명의 내시 : 십상시라 불림.
그러한 관직에는 백성을 아끼고 어려운 일에 내 일같이 나서는 능력있는 관리를 뽑아야 합니다.
하지만 *10명의 내시들이 관직을 돈을 받고 팔아 능력이 없는 자들이 관리 자리를 사 가난한 백성들에게 그 몇 배의 돈을 거두고 있으니 가난해진 백성은 굶어 죽고 황건적같은 도둑들이 생기고 있는 것입니다.

……
여봐라.
조조의 말이
모두 사실인가?
폐하! 조조의 말은 사실이 아니옵니다. 조조는 폐하와 저희의 사이를 이간질 시키려는 것이옵니다. 만약 조조의 말이 사실이라면 저희의 목을 치셔도 좋습니다.
폐하는 평생을 함께한 저희의 말을 믿으시겠습니까, 말단 병사의 말을 믿으시겠습니까?
으음...
폐하!
시끄럽다!!

네가 감희 궁중의 연희를 망치고 짐을 나무라는 언사를 한 것은 지금까지의 너의 공을 인정하여 못들은 것으로 하겠다.
그러니 다시 한 번 기회를 주겠으니 자신의 의무인 성의 방어에 매진하라!
…!!
조조를 가만두면 안되겠어.
크 크 크 크
부들 부들
쾅!!
저 10명의 내시들이 400년 한 왕조를 망하게 할 것이다!! 으으으...

조조의 막사가 있는 성

소녀는 깨어났는가?
아직 깨어나지 않았 습니다.

흠..

으음...
반짝
반짝
여... 여긴
어디지...
두리번
두리번
天
地
人

地
파앗

쿠
오
오

파
앗
아앗?!
저..저건 봉황?!
조공의 환생이여!
다시 한번 천하를
얻으라!
그대가 나를
깨웠군!
땅
번쩍
피
야
앗
그러면 길이
열릴 것이다!!

슈우우우
뭐... 뭐야!!
으음...!
파앗
번쩍
오! 정신이 들었느냐?
처... 천... 천하를 얻으라!... 길이 열릴 것이다!!
벌떡!
여기는 어디? 영국에 도착한건가? 병원?? 치...치우... 치우야!

저... 전화를 걸어야겠어!
여보세요? 여보세요?
왜 통화불가인 거지?
서비스 제한 구역
확인

소녀야, 침착해라. 여긴 낙양성의 막사이니 안심해도 된단다.
나... 낙양성이요? 그게 뭔가요?
흑
흑

너는 바보냐? 아니면 바보인 척 하는 첩자냐? 한나라의 수도 낙양성을 모른다고?
이런...

한나라? 중국의 고대제국 한나라라구요? 그것도 2000년 전의??
저 아저씨가 지금 무슨 소리를 하는거야?

도대체 무슨 말을 하고 있는...
...!!
그렇구나! 내가 꿈을 꾸고 있나 보다! 아니면... 아! 드라마 촬영을 하고 있구나!
저 복장은..
중국? 드라마?? 너는 점점 이상한 말만 하는 걸 보니 요술을 부린다는 첩자로구나!
여봐라! 이 아이를 즉시 처형하라!!
아저씨! 저는 배우가 아니예요.
카메라는 어딨지?
하 하
이리와! 황건적의 첩자!
아야! 아파요. 살살 해요!
쫘 앙

어머!!
그 칼로 뭘
하시게요?

호호호...
너의 목을 베는 거지.

잘가라!
부
웅
사령관님!!
병사들에게 문제가
생겼습니다!
멈칫
다다다

성을 짓는 데 쓰이는
수레의 바퀴가 불편하여
병사들이 힘들다며 폭동을
일으키고 있습니다.

뭣이? 폭동을?!
지금 상황에
폭동까지 일어
난다면 큰일이다!

그러하
옵니다! 어서
빨리 해결책
을 찾아야
합니다.

바퀴가 육각형
모양이니 잘 안굴러가는
것이 당연하죠!
바퀴는 원
모양으로 만들
어야 잘 굴러
간다구요.

뭣? 육각형?
원? 그게 무슨
소리지?

육각형은 6개의
선분으로 이루어진 모양
이예요. 벌집 모양이 대표적인
육각형 모양이죠.

1
2
3
4
5
6

육각형

육각형은 원 모양에
가까운 모양이면서도, 공간의
낭비가 가장 적은 모양이랍니다.

TiP
눈의 결정

눈의 결정이 육각형 모양
인 것도 물의 분자가 육
각형으로 놓일 때 가장
안정적이기 때문이다.

즉, 육각형은 안정적인 모양이지만
바퀴처럼 굴러가기엔 알맞지 않고, 원 모양은
아주~ 잘 굴러가는 모양이라는 거죠.

즉!
수레바퀴를
원 모양으로 만들면
폭동이 가라앉을
거예요.

사령관님! 저 소녀의 말대로
수레바퀴를 원 모양으로 바꾸었
더니 아주 잘 굴러갑니다!
구르르
오! 정말
인가?
그봐요.
내 말이
맞죠?

사령관님!
이제 수레바퀴가 잘
굴러가니 성곽 공사도
더 빠르게 완성시킬
수 있게 되었습니다.
또한 쌀이나 소금
같은 물자를 수송할
때에도 훨씬 빠르게
수송할 수 있구요!
수송 담당 →
공사 담당 →
城
輸送
흠

이얍!!
자! 그럼 다시 사형집행을 해야지!
사령관님! 또 문제가 생겼습니다!
켁!! 또!
병사들에게 이 두 종류의 빵을 나누어 줬는데 서로 자신의 빵이 작다고 싸움이 났습니다.
사령관님이 판별하여 주십시오.
으음… 얼핏 보기에는 같은 크기인 듯한데…
눈으로는 어느 쪽이 큰지 식별하기 좀 힘들구나. 어떻게 알아낼 수 있을까…

먹어보고 더 배부른
쪽으로 결정할까?
까하하!
삐질

수학을
조금만 알면 간단한
문제잖아요!
수학?

빵 한 개는 사각형 모양을 하고 있고
또 한 개는 원 모양을 하고 있으니 두 빵 중
어느 한 쪽 빵과 모양을 같게 해서
비교하면 되죠!
사각형
원

사각형?
원? 그게
뭐냐?

사각형 몰라요?
4개의 선분으로 둘러싸인
도형을 말하는데...
꼭짓점도
4개죠.
꼭짓점
ㄱ
ㄹ
ㄴ
ㄷ
1
2
3
4
사각형

스릉

챠악
자세히 설명
해 봐라.
그럼 칼 좀 빌려
주세요.
뭣?

사령관님!
안됩니다!!
자,
여기...

이얍!!

좌 좌좍!
어때요?
원 모양의 빵을
자르니까
사각형 모양의 빵과
똑같은 빵이
나왔죠?
그러니 원 모양의
빵이 더 컸었던
거예요.
사각형, 육각형,
원..., 수학...
이라...
...

자르고 남은 빵은
내가 먹어야지~♪
아! 맛있다~.
냠
냠
이 소녀의
처형을 중단하라!
네?
하지만
이녀석은
황건적의...

이 소녀의 수학이라는
재주가 특별해 보이니
이용가치가 있겠어!
이야!
너 오늘 운좋은
줄 알아!
히
히
한편 황건적을 눈앞에 둔 탁군에서는...
황건적과
맞서 싸울 관군을
모집한다.
줄을
서라!
옹성
옹성
張

형님!! 진짜로 일반 병사로 지원하실려우? 쫄병이나 하자굽쇼?
나라를 구하는 일에 쫄병이면 어떻고 장수면 어떤가! 하하하
형님. 큰 새가 작은 나무에 앉으면 나무가 부러집니다. 일반 사병보다 나라에 더 충성할 방법이 있을 듯 합니다.
옳소!
내 팔뚝을 좀 보슈! 이런 몸짱 쫄병이 어딨어요?!!
불끈!
나도 알고 있지만 우리에겐 돈도 없고 무기와 말도 없네. 다른 방도가 없지 않은가.
허
허
張
張

ㅇㅇㅇ...
머리 아파...
여긴 어디지..?

너 이녀석! 빨리도 일어난다!
인마!! 널 들고 다니느라고
얼마나 팔이 아팠는지 아냐?

헉! 아저씬 누구세요?
여기 경찰서 어딨나요?
비행기 사고가
났다구요!
성하는요?
성하야...

무슨 헛소
리냐? 너 머리가
돈거 아냐?
침착해라,
애야. 네 이름이
무어냐?
쿵!
張

치... 치우요...
장치우...

나랑 종씨잖아! 장비! 장치우!!
조용히 해라, 장비. 그래. 치우는 어디에서 왔느냐?

대한민국 대전시 돌고래 아파트 1502호 인데요. 아저씨! 절 경찰서에 데려가 주세요.
경찰서?
'경찰서'라는게 대체 뭐냐?

경찰 몰라 요? 이렇게 생 겼는데~
쓱 쓱
난 민중의 지팡이~

누가 쥐새끼를 그리래?!
쥐라뇨? 쥐가 아니라 포돌 이라구요!
으르렁~

* 방위성금 : 국가의 방위에 쓰라고 국민이 자발적으로 내는 돈.

* 구인광고 : 신문 따위에 사람을 구한다는 안내를 하는 광고.

보라 한나라의 매국자들이여!
나라가 어지러워 힘없는 사람들의 목숨과 재산을
빼앗는 도적의 무리가 날뛰니,
나라와 백성을 걱정하는 용기 있는 자만이
그들을 막을 수 있도다!
작은 힘이라도 한데 뭉쳐 힘을 모은다면
큰일을 할 수 있으니 의용군으로 지원하는
사람에겐 식량과 무기를 나누어 주겠다.

-유비-

한 줄로 서슈!

꼬맹아. 내가 이녀석들의 머릿 수를 셀테니 네가 받아 적어라.

네. 알겠어요.

여기에 자원입대 하면 먹을 것도 주고, 무기도 준다네!

이보게. 우리가 진짜 황건적과 싸울 수 있을까?

1, 2, 3, 4, ..., 25, 57 ...

100, ... 150, ...

우와- 동네 청년들은 다 모였네. 다 모였어.

325? 426? 아니 462였나?

아 헷갈려!

거기 앞사람! 새치기 했지? 저기 줄 끝으로 가라고!!

에이~ 대충 세자! 대충 500명 끝!!

아저씨...

용성
용성
용성
용성

자! 모두들 한 줄에 10명씩
서 주세요!!

용성
용성!
용성

10명씩 51줄이니
10명×51줄=510명.
510명이 지원
했어요.
헉! 벌써
다 셌겨?
우와!
너 알고보니
천재였구나!
천재는 아닌데,
곱셈만 알면
간단해요.
나라를 위해
나서주셔서 정말
감사합니다.
우리 함께
잘 해 봅시다.

정말 감사합니다.
감사합니다!
흠

아니 관우야. 무슨 근심이라도 있느냐?
형님!

이 많은 병사들이 생겨서 기쁘지만 이 사람들을 먹일 쌀이 없어서 걱정입니다.
그렇군.. 쌀..

그건 그래. 먹지 않고 어떻게 싸운단 말인가...
우리에겐 돈이 하나도 없지

당신들 지금 여기서 뭐하는거요?
용성
용성

시장 상인 어르신들이군요. 우리는 황건적과 싸울 의용군을 모집하고 있습니다

아니! 우리 마을 사람들을
뽑았으면 우리 마을을 지켜야
지 황건적을 물리치러
나간다는게 말이 되오?!!

우리 마을 밖으로는
청년들을 한 명도
보낼 수 없소!

답답한 소리마세요.
황건적이 옆마을을 약탈하고 나면
다음은 어디일 것 같습니까?
바로 우리 마을로 쳐들어
올 것입니다.

황건적을 설령 막아낸들
이미 시장과 집들은 모두
불타고 없을텐데 그래도
이곳에서 기다리겠습니까?

…
…
맞는
말이긴 해.
수근
수근

좋소. 그럼 약속해 주시오. 황건적과
싸워서 이기고 나면 우리 마을로 돌아와
주시오. 그럼 우리가 식량과 무기
살 돈을 대겠소.

그...그게 정말입니까?
어르신, 정말 정말
감사합니다!!
왁
콰

아우야!
정말 잘되지 않았니?
먹을 것이
해결되었구나?
네. 유비 형님!
하늘이 우리를
돕는 것 같습
니다.

그런데 쌀은 얼마나
필요하시오?
정확히 말해
보시오.

... ...
얼만큼?...?

...
.. 많이요..
아, 글쎄..
많이 얼만큼
이냐구요!
덥썩!
으앗!
걱정마시오.
이 천재녀석이
알려줄거요!
헐~
張

원

퀴즈 1

다음 중 원을 모두 찾아 ◯표 해 보자.

( )　　( )　　( )　　( )

( )　　( )　　( )　　( )

( )　　( )　　( )　　( )

( )　　( )　　( )　　( )

➡ 1화에서 알게 된 배경지식

- **자연에서 찾을 수 있는 육각형 모양** – 벌집 모양, 눈의 결정.
  육각형은 원 모양에 가까운 모양이면서도 공간의 낭비가 가장 적은 모양.

퀴즈 2 원이 들어 있는 물건은 어느 것일까?

삼각자

CD

상자

(   )

퀴즈 3 풀과 동전을 이용하여 그림과 같이 그리면 어떤 도형이 그려질까?

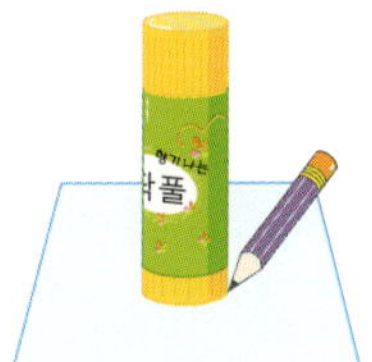

(   )

2화

의용군, 드디어 출정하다!

중국의 서쪽 끝 지역 서량

TIP
강족
강족은 중국 북서부 칭하이 성 부근에 살던 티베트계 유목민에 대한 중국인의 호칭

강족 전사들이여!
오늘 안에 이 산을
넘어야 한다.

우
오
오

따
강족 대장
전사들이여!
모두 멈춰라!!
까악~
까악~
올돌! 갈무!
저곳을
조사하라!
끼럇!!
......
두두두

파
아
앗
콰콱
끼히힝
누구냐!
야만인 주제에 이 동탁님이
지키는 땅을 침범하다니…
크크크.
서량 수비대장
악의 화신 동탁

한 놈도 살려두지 말고 모두 없애라!!
한나라의 기습이다!!
마차를 지켜라!!
히히힝
이히힝
우아아 아
두 두 두 두

덤벼라 내가 바로 늑대의 아들 와만칸이다!
알게 뭐냐.
두 두 두
콰
앙
와ー
와ー

나는 죽어도 괜찮으나
내 부하들은 살려다오.
군인으로서
부탁이오.

싸움에서 진 녀석들이
바라는 것도 많구나.
크흐흐.

말과 무기는 빼앗고,
인간들은 쓸모없으니
모두 벌판으로
쫓아내라!
안돼!!
모두 얼어
죽으란거냐?

아니, 이 자들이
애지중지 모셔가던
이 마차엔 어떤
보물이 있을까?
크흐흐.
얼마나 보물이 많으면
마차 밖까지 빛이
나는구나!

이얍!
쫘
악

슈
우
우
으잉?

뭐야!
보물이 아니잖아!
이 물건은 뭐야!!

에잉!
쓸데없이
힘만 쏟았어!!
쿵!!

으앗!
픽

* 천기 : 하늘의 기밀 또는 조화의 신비

넌.. 넌
누구냐! 뭐하는
놈이지?

천하를 얻으면 길이
보인다구?!!

어...
나.. 나는..

혹시 천기를
부리는 요술을 쓰는
신선이십니까?
신선은 나이를 먹지 않아
몇백 년이 지나도
아이의 모습을 하고
있다던데...

그..
그렇다!
나는
신선이다..

아까 보니까 번개도
다루시던데
유명한
신선이겠죠?

* 뉴턴 : 영국의 물리학자, 천문학자, 수학자

* 중력의 법칙 : 항상 물체는 지표면(땅)과 수직 방향이며 지구의 중심 방향으로 끌어 당겨진다.
* 만유인력 : 모든 물체 사이에 보편적으로 작용하는 인력(서로 끌어 당기는 힘)

헤헤. 혹시 그 푸자나 행복어를 먹으면 수명이 늘어나거나 하나요?
흑!

아니, 오히려 수명이 줄어들지. 뉴스도 안보냐?
성인병에 걸린다구!
꿀꺽

꿀떡

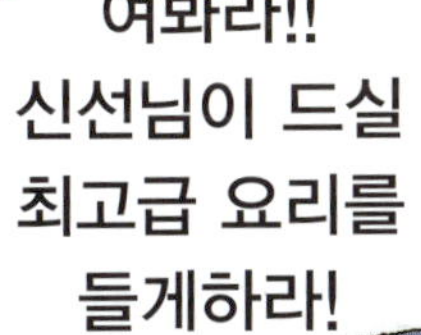
수명을 줄이는 음식이 있다니!! 역시 신선이 틀림없어!
여봐라!! 신선님이 드실 최고급 요리를 들게하라!

꺼억~

엄청난 빛... 그리고 천하를 얻으면 길이 열린다는 소리...

TIP

유방

중국 한나라의 제 1대 황제.
진나라 말기에 항우를 대파하고
천하통일의 대업을 실현시킨 인물.

* 타임슬립 : 'Time slip' 시간이 미끄러진다는 뜻으로 자연
스런 과거와 현재, 미래를 오고가는 시간여행을 뜻함.

천하를
얻는다고?
덜덜덜

중국을 통일하란 말인가?
그렇다면 지금이 한나라가
멸망하기 전이란 말야?
덜
덜 덜
덜

…신선님
더 필요하신건
없습니까?
헉!

어..어흠! 고..고맙다.
잘 먹었다.
네 이름이 뭐냐?
벌
떡

오! 선물을
주시려는
겁니까?
저는 서량
태수 동탁이
옵니다!

만화로 읽었던 삼국지에서는 동탁이 악행을 일삼는 아주 나쁜 사람으로 나오는데!
동탁?!! 오 마이 갓!!

누에똥님!
제가 신선님을 구해 드리고 극진하게 대접했는데 선물은 없나요?
그..그럼... 주지. 주고 말고!
크흐흐. 선물 빨리 주세요... 당장...

...혹시 안주시는건 아니겠죠?
으...헉!
스릉

네 이놈! 감히 날 의심하는 것이냐?!!!

* 중랑장 : 군사중랑장은 출진시 군사를 총괄하는 사령관 정도로 생각하면 된다.

누에똥님!! 정말 대단 하십니다.
신선님! 이것이 선물이었군요! 내가 그동안 중랑장 자리에 오르기 위해서 그렇게 내시놈들에게 뇌물을 바쳐도 아무 기별이 없더니...
넙죽!

시끄럽다! 넌 지금 나를 의심 하지 않았느냐! 난 이곳을 떠나야 겠다!
너와 한시도 같이 있고 싶지 않구나!

누에똥님!! 한번만 용서해 주시면 정말로 잘할게요!!
냐!!
털!

어서 황궁으로 가자! 드디어 내가 한나라의 총지휘관이 되는구나! 크핫하!!

* 변방 : 중심지에서 멀리 떨어진 가장자리 지역.

* 장팔사모 : 장비가 쓰는 무기로 1장 8척의 창이다.
뱀의 구불구불한 형태로 이루어졌다.
이얍!
←*장팔사모
잘 들어라! 우리 의용군의 *군율은 3가지이다!
첫째! 사령관의 명령을 어기는 자는 가만두지 않겠다!
둘째! 우리는 백성을 괴롭히는 자하고만 싸운다!
셋째! 어떠한 경우에도 백성을 약탈하거나 도둑질 하면 안된다!
알겠나!

* 군율 : 모든 군인에게 적용되는 군대 내의
　　　규범이나 질서

이 장비님의 힘을 잘 봤니?
그럼 지옥훈련 시작하자~잉?
돌격 앞으로~!
으악!
붕
붕
장비가 500명의 의용군을 잘 훈련시키고 있는지... 너무 혹독하게 시키면 병사들이 힘들텐데...
저 의용군들은 농사 일을 하던 자들이라 *군기를 엄격하게 가르치지 않으면 반드시 사고가 날 겁니다. 잘하고 있습니다.
* 군기 : 군대의 기강
무기제조도 대장간에서 시장상인들의 도움을 받아 24시간 쉬지 않고 만들고 있습니다.

다만 걱정되는 것이 말이 부족합니다만...
그래... 전투에는 반드시 기동력이 좋은 말이 필수지...
땅
땅
땅

당신이 의용군 대장이오?
그렇습니다만... 뉘신지...

나는 이곳에서 말을 파는 상인인 장세평이오. 황건적들이 길을 막아 장사를 할 수 없으니 이 말들을 황건적을 물리치는 데 사용해 주시오.

이럴수가! 하늘이 한나라를 위해 보내 주셨구려! 고맙소!
허허. 별말씀을...
와락

비록 전투에 참여하진 않아도 이렇게 큰 힘을 주시니 전투에 참여하는 것과 마찬가지입니다!
유비님은 정말로 자상하시군요. 많지는 않지만 금과 은도 지원해 드릴테니 나라를 위해 써 주세요.

감사합니다.
아껴쓰겠습니다

예를 갖출 줄 알고,
황건적과 싸울 용기까지
갖고 있으니 유비란
자는 인물이군!

우리도 이제
어느 정도 의용군의
기초를 갖추었다.
황건적에게 고통을
받는 마을을 하루라도
빨리 구해주고 싶은데
내일 바로 출정하는게
어떨까?

훈련이 덜 된 병사를
전쟁터로 내보내는
것은 곧 전멸을
의미합니다.
일주일만 시간을
더 주시면 이 장비가
제법 쓸만한 군대로
만들어 놓겠소!

아우의 말이
맞습니다, 형님. 어렵게
모은 병사를 성급히 전쟁
터로 몰 순 없지요

그렇다면 너희들의 의견에 따라 일주일 뒤에 출정을 하겠다!
대신 출정 준비에 최선을 다하라!

그런데 한 가지 고민이 생겼다!
뭔데요, 형님?

병사들의 방패를 만들어야 하는데 말이야.
방패! 좋지요.

어떤 모양으로 만들어야 할지 도통 모르겠구나.
흠...
아! 어려워

* 부메랑 : 목표물을 향해 던지면 회전하면서 날아가고 목표물에 맞지 아니하면 되돌아온다.

역삼각형은 삼각형을 거꾸로 뒤집어 놓은 모양을 하고 있죠.

TIP
역삼각형
밑변을 위로, 꼭짓점을 아래로 한 삼각형

그런거냐? 뾰족뾰족해서 찔릴거 같은데…

빙
글

밑변
꼭짓점

역삼각형 모양의 방패는 공격하기도 쉽겠군!!

이얍!!

그렇구나! 장비의 말이 맞다!!

이것 참 재미있는데요. 형님!
흐음… 네가 말한 도형들의 방패를 이용하면 많은 전략을 짤 수 있겠는걸!
오각형이나 육각형 모양의 방패는 다른 방패보다 크기가 크기 때문에 많이 가려져서 방어에 좋을 것 같아요.
척
어
철벽 방어!!
돌발 퀴즈
정답은 76쪽에
상자 모양(   )을 위에서 바라본 도형은 무엇인지 이름을 말해 보자!

그런데, 전투 중에 굳이 방패를 던질 필요가 있을까?
게다가 방패를 던지고 나면 칼을 막을 수가 없겠어요.
방패가 없다니 공격!!
으
끄응~ 장비야. 육각형 모양의 방패는 너무 무겁구나!
너무 무거우면 병사들이 사용하기 힘이 드니 안되겠군요!

제 생각에는 가지고 다니기도 쉽고, 만들기도 쉽고 방어력도 좋은 사각형 모양이 좋겠어요
오호~

좋은 것을 배웠구나! 장비! 이 아이의 말대로 사각형으로 하자꾸나!
넵!!

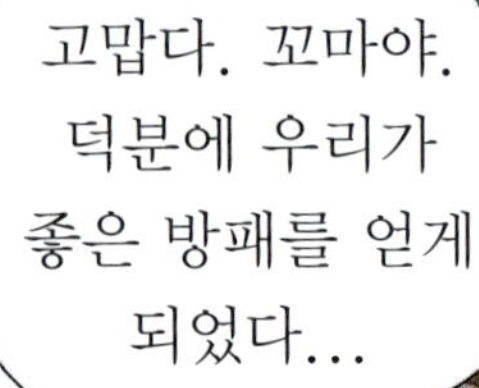

고맙다. 꼬마야.
덕분에 우리가
좋은 방패를 얻게
되었다…
응? 왜 표정이
갑자기 어둡지?

아까 관가라는 곳에 갔다
왔는데, 경찰서가 아니었어요.
이제 어디로 가봐야 할지…
휴~

형님.
낙양에 가면
경찰서라는 것이
있지 않을까요?
흠

이 축제는 언제
끝나나요? 빨리
집에도 가야 하고
성하도 찾아야
하는데…
허허…
흑흑

낙양?
낙양이
뭔데요?
낙양은 한나라의
수도란다. 없는
것이 없는…

정말요?
그럼 낙양에
갈래요!
낙양은 어떻게
가죠? 어디에
있어요?

서남쪽으로
한 달 정도 걸어가면
나온단다.

74쪽 정답 **사각형**

*소탕 : 휩쓸어 죄다 없애 버림.

히히힝
푸륵
푸륵
둥둥
드디어!
유비의 의용군이 황건적과
싸우러 출정한다네!
이제 전투가
시작되는군!
어서 가보세!
와아
와아

그동안 고된 훈련 참고 잘 따라주셔서 감사합니다.
드디어 출전의 날입니다. 비록 시작은 초라하지만 우리는 백성들을 위해 천하를 구할 것이라고 굳게 믿습니다!
우리 모두의 힘을 합치면 불가능은 없습니다.
자! 한나라의 의용군이여! 나라를 구하고 황건적을 몰아내자!!!
와아아아

위풍당당
오라버니! 무사히 돌아오세요!
황건적을 반드시 물리쳐 주시오!
유비님! 관우님! 장비님! 꼭 이기고 돌아오세요!
서기 184년 유비, 관우, 장비는 탁현에서 황건적 소탕을 위해 의용군을 일으켰다.

중국의 동북지방 유주
까악
까악

푸드덕
휘이잉

오앙~

물...
배고파...
뚱
두
오앙~

삼각형이 있는 물건에 △표, 사각형이 있는 물건에 ☐표 해 보자.

➡ 2화에서 알게된 배경지식

- **중력의 법칙** – 항상 물체는 지표면(땅)과 수직 방향이며 지구의 중심 방향으로 끌어 당겨진다.
- **만유인력** – 모든 물체 사이에 보편적으로 작용하는 인력(서로 끌어 당기는 힘)

퀴즈 2

□ 안에 알맞은 말을 써넣어 봐.

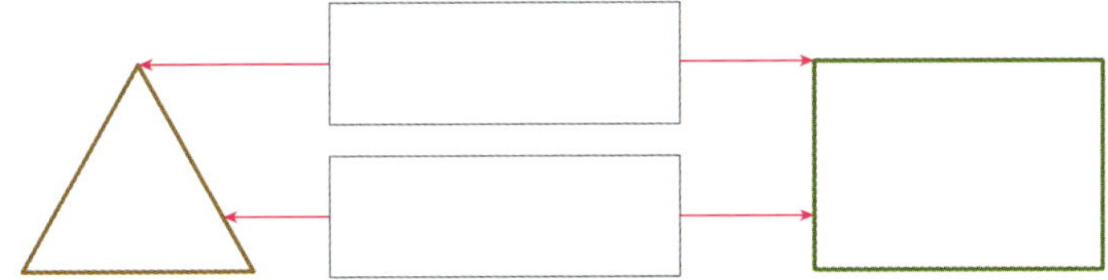

퀴즈 3

왼쪽 얼굴 모양과 관계있는 것끼리 선으로 이어 볼까?

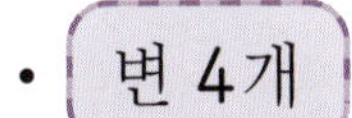

변 4개

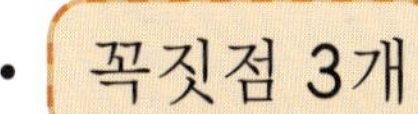

꼭짓점 3개

변 3개

꼭짓점 4개

퀴즈 4

점 종이 위에 삼각형과 사각형을 각각 그려 보자.

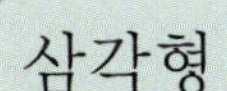

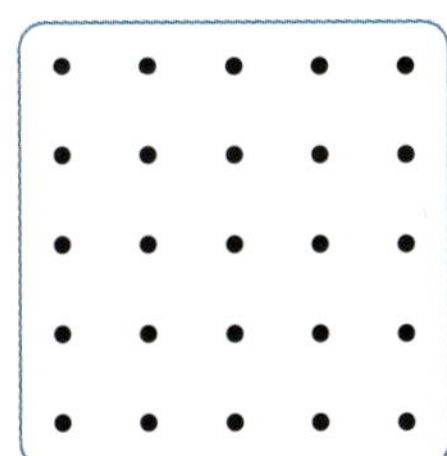

삼각형

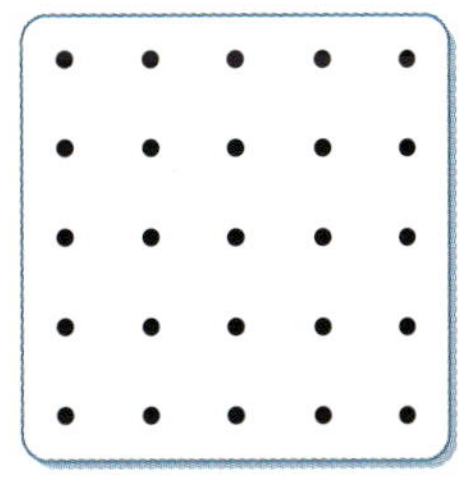

사각형

물.. 누구.. 물 좀 주세요.
행군을 멈추어라! 그리고 물을 가져오라!
틸썩
무... 물!!

괜찮으십니까? 천천히 드세요. 체할 수 있으니...
벌컥 벌컥

먹을 것은 없나요? 사흘 동안 아무것도 먹지 못했어요.

이 불쌍한 유주성의 주민들에게 물과 먹을 것을 나누어 주거라! 어서!!
넵!! 대장님!!

그럼 아우와 전 행렬의 앞뒤에서 경계를 서겠습니다!

* 설상가상(雪上加霜) : 눈 위에 서리가 덮인다는 뜻으로 불행한 일이 잇따라 일어남을 뜻함.

전쟁은 피도 눈물도 없다는걸 몰라? 남는 것은 고통과 배고픔 뿐이야.

그런데 이 거대한 축제의 이름이 뭐예요? 전통문화체험?

축제? 그래!! 이 장비님의 '황건적 대청소 축제'란다! 크하하하.

허겁
지겁

우... 우리도 황건적에게 당하면 저렇게 되겠지? 비참하구면...
만약 의용군을 만들지 않고 관군에게만 의지했으면 저렇게 되었겠지...

지금 저들에게 가장 필요한 것은 물이다. 물 없이는 농사도, 밥도 지을 수 없지... 어떡한다?
크흠

물이요? 우물을 파면 되잖아요?
우물?
그것 좋은 생각이로구나! 그런데 우물은 어떻게 파야 하지?

우물은 동그란 원 모양으로 파는 것이 파기도 쉽고 잘 무너지지 않아요.
하지만 땅을 깊이 파서 우물을 만들면 흙이 물기를 머금어서 우물벽이 무너질 수도 있어요.
오잉?
콰르르르
꼬마야! 어차피 무너질 우물을 파라니... 말이 안되잖아!
이 튼튼한 판자를 우물 둘레에 박아 흙과 물 사이에 벽을 만들면 돼요!
張

* 다각형 : 3개 이상의 선분으로 둘러싸인 도형.
삼각형, 사각형, 오각형, 육각형, … 등

이것은 *칠교라고 하는데
여러 가지 모양을 잘 붙이면
삼각형, 사각형 등 도형과
재미있는 모양을 만들 수 있어!

TIP · 칠교판 ·

칠교란 가로, 세로 10cm쯤 되는 나무
판으로 만든 삼각형 5개와 사각형 2개
를 말하고, 그 이름은 나무판이 7개로
이루어진 데서 칠교판이라고 한다.

그리고 주위에 있는 나뭇가지로 재미있는 퀴즈도 할 수 있지.
꾸즈가 뭐지?
짠!
이렇게 만든 도형에서 나뭇가지 3개 또는 4개를 빼서 삼각형을 2개로 만드는 거야!
우왕! 너무 어려워! 우린 도형도 이제 처음 알았는데...
형이 그냥 보여줘!!
그럼 잘 보렴. 나뭇가지 4개를 뺄 경우엔 이렇게...
나뭇가지 3개를 뺄 경우엔 이렇게 하면 되지. 어렵다고 생각하지 말고 만지고 생각하다 보면 더 많은 답이 나올거야!
흠흠!
어때?
오빠~
형아~ 대단하다~

* 정찰 : 더듬어 살펴서 알아냄.

*5만 : 숫자 50000으로 쓴다.

TiP ●만● 1000(천)의 열 배가 되는 수. 10000이라고 쓴다.

사태가 이렇게 악화되자 유주성의 태수 유언 장군님은 지원병이 오기를 *학수고대 하고 있습니다.
QR 코드를 찍으면 재미있 → 는 만화로 풍전등화의 유래 를 알아볼 수 있어요~
더 이상 지체할 시간이 없다! 유주성의 운명이 *풍전등화 같구나.
* 학수고대(鶴首苦待) : 학의 목처럼 목을 길게 빼고 간절히 기다림.
전 부대 유주성으로 출발!!
* 풍전등화(風前燈火) : 바람 앞에 등불(매우 위태로운 처지)
다음 날 유비 군대 유주성에 도착하다

* 몇 배 : 예 2씩 4묶음 → 2의 4배
　　　　　　　　　　 → 2+2+2+2=8
　　　　　　　　　　 → 2의 4배는 8이다.

뭣이?
어째서?
들리는 소문으로는
황제가 내시들의 *아첨에
빠져 어제도 밤새 연회
를 즐겼다고 합니다.

우리 유주성의 일은
보고도 되지 않았을지도
모르지요.

* 아첨 : 남의 환심을 사거나 잘 보이려고 알랑거림. 또는 그런 말이나 짓.

그렇다면 이대로
유주성마저 황건적의
발아래 짓밟히게
된단 말인가! 아!!
장군님…!

유언 장군님!
보고 드리옵니다!
성 밖에 군대가!!
뭐라고?! 벌써
황건적이 쳐들어
왔단 말이냐?!

아니
옵니다!
우리 유주성을
구하러 구원군이
오고 있답니다!
구원군?!

하늘이 우리 유주성을 버리지 않았구나!
어서 구원군을 마중하거라!

넵!
두 두 두

고맙습니다! 이렇게 우리를 도와주러 오시다니!!
먼 길 오시느라 수고가 많았습니다!
척
척

획
탁

아닙니다. 나라를 위한 일인데 당연한 것이지요.
척

스윽
투구도 없고...
갑옷도 초라...

...?

... 그런데 귀공은
어느 소속 군대이시오?

저희는 소속이란 것이
없는 의용군이옵니다.

....
의...의용군
....?
헉-
흐미

아나... 지금 조정의 관군
이 와도 겨우 버틸 수 있을
까 말까한 전투에 어디서
굴러먹다 온지도 모를 잡병
들을 전투에 쓰라고?
우리가 우습나? 우릴 놀리
는겨?
전쟁이
장난인 줄
아나! 떽!!

뭐?
저 아저씨...
말 너무 함부로 하시네...
張

구원군이 왔다고
좋아했더니...
쳇! 기분만
잡쳤네!
획~

뭐 저런 무
개념을 봤나!
돌아가세!
빠
직
이런 잡것들!

야! 지금 너네가
찬밥 더운밥 가릴 처지야?
사람이 기껏 생각해서
도와주러 왔더니
아주 개무시를 하네?!
황건적한테 혼쭐이 난
뒤에 '아~!'하고 비명을
질러야 정신 차릴래?
너희들이야말로 무개념
아냐?!
퉁
쿵
아
아
붕

장비야!
멈추거라!!
아!
왜요!!

* 사기 : 의욕이나 자신감 따위로 충만하여 굽힐 줄 모르는 기세.

* 종친 : 국왕의 부계, 친척 또는 임금의 친족.

* 선봉 : 부대의 맨 앞에 나서서 작전을 수행하는 군대.

크크크
저것이 우리의
제물이 될
유주성이로군!

유주성
황건적 우두머리
장각

우리가 무서워서 감히 성밖으로 나오지 못하고 쥐새끼처럼 꼭꼭 잠그고 숨어 있구나!

크하하!!
야! 이 겁쟁이들아~! 창피하지도 않냐?

선발대를 내보내도록 하라!

끼
끼
익

쿠
쿠쿵
헤히힝

끼이익
드디어....
첫 전투로군...

둥-
둥-
둥-
둥-

둥-

저들이 황건적인가?
셀 수 없이 많은 노란 깃발이군.
실로 엄청난 수로구나.

우리의 첫 전투를
반드시 승리해야
할텐데...
적들이 자기들
숫자가 많다고 들떠있는
것 같으니까요... 적들의
지휘자인 장수를 노려 쓰
러뜨리면 병사들이 당황
하지 않을까요?

아아! 그때
공격해서 *승기를
잡으면 이길
수 있겠네!
꼬마, 제법인데

* 승기 : 이길 수 있는 기회.

장비는 *적장을 쓰러뜨릴 자신이 있는가?
* 적장 : 적의 장수
파르르
우와우?
언제 나가면 됩니까? 형님!

이깟 한 줌도 안되는 병사로 우리와 맞서다니!!
황건적 장수
등무
쿠웅
우리가 너무 무서워서 미친게 로구나! 크핫하하하!
우와아아아!

와 아아 아아

어... 엄청나!
우리가 이길 수 있을까?

떨 떨 떨

이 등무님과 싸워 볼
용기가 있는 자는 당장
나와랏!! 크하하하!

이 장비가
상대해 주마!
네가
내 상대냐?

어디 한번
와 봐라!!
장비?!
웃기는
이름이구나!
오냐!!
이놈!!

쿠
웅
음?!
생각보다 빠르고
무거운걸!!
크으으
하지만 내가
한 수 위다!
음!!
흥!
콰앙

*이십 근 : 한 근은 600g(그램)이므로 이십 근은 600×20=12000g(그램). 즉 12kg(킬로그램)임.

크악!
히히힝
털썩

흥!
끈질긴 놈!
크윽... 내.. 투구와 창이...
쳇! 일단 후퇴는 하겠지만...
피
융
이거나 먹어랏!!

그 꼬마가 이야기해 준 사각형 방패로 *암기를 막았다! 사각형을 돌려 세우니 완벽히 가릴 수 있었어.

* 암기 : 표창이나 비수 등 적 몰래 날려 공격할 수 있는 무기류.

휴... 휴우... 맞았구나!
오오! 뭘 한거냐?

아까 아이들에게 빌려주었던 칠교판의, 사각형 조각을 던진건데... 진짜 맞을 줄은 몰랐어요!

우엥~ 잘 가지고 놀고 있었는데 저 형이 다시 뺏어갔어~~
내가 다시 만들어 줄테니 뚝 해!!

하하하! 적장을 물리친 치우라도 어린아이 우는 소리엔 못당하는군

이놈!!! 가만두지 않겠다!
황건적 장수
정원지
저 장수는 아까의 그 장수보다 훨씬 쎄 보여요!
이야압!!

등무에 비해 몸 놀림이 예사롭지가 않구나.
형님.
이번엔 제가 나설 차례인 것 같습니다.
관우, 자네의 실력을 의심하는건 아니지만, 정원지는 몹시 강한 듯 하니 부디 몸 조심하게.
걱정마십시오, 형님.
그럼.

네 놈이 내 상대가
될 것 같으냐!!
어서 와라!!
한 방에
끝내주마!!

흡!
아니?!
파잇
하지만!
흥! 운이 좋은 녀석이군!
이번엔 어림도 없다!!
쿵
왓

올려치기!!
으음... !!
쿠오우
파앗
쿠와앙
사삭
사삭
관우
아저씨!!

내가 너무나 강한가?!
크하하 하하
언제까지 도망 다닐거냐!!
두두두두
아니면...
너희 의용군은 죄다 겁쟁이뿐인 거냐!!
...
꿈틀
두두두두
정말 재미없는 놈이군!
콰아아아
텅

콰
앙
하하하하!
큭..!
챙
챙
챙
이름없는 장수치고는
잘 싸웠다!!
끝내주마!
음!
관우...!!
관우
아저씨!!
빠
앙
쐐
액
3권 황건적의 난을 기대하세요.

 **퀴즈 1**

칠교판을 보고 알맞은 수나 말에 ◯표 해 보자.

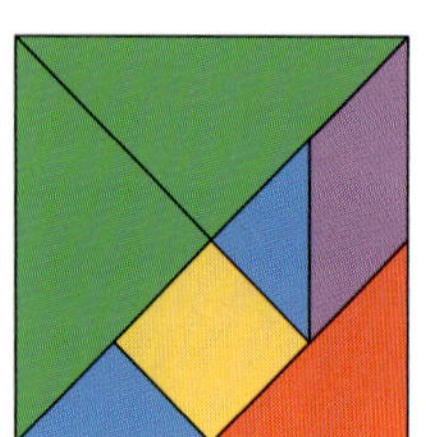

- 삼각형은 (3, 4, 5)개 있습니다.

- 사각형은 (2, 3, 4)개 있습니다.

- 개수가 더 많은 것은 (삼각형, 사각형)입니다.

 **퀴즈 2**

점 종이 위에 오각형과 육각형을 각각 그려 볼까?

오각형

육각형

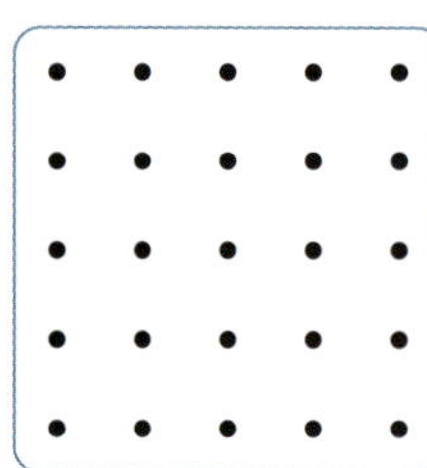

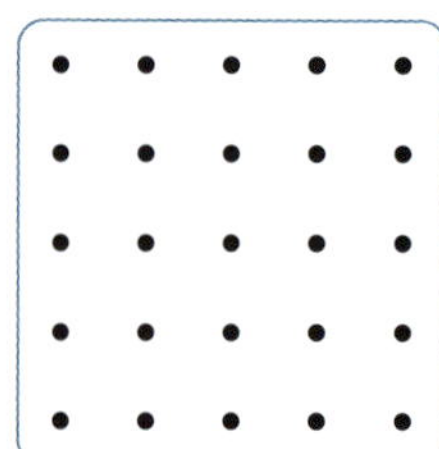

➡ 3화에서 알게된 배경지식

- **이십 근** – 한 근은 600그램이므로 이십 근은 600×20=12000그램(g).
  즉, 1kg=1000g이므로 12000g=12kg.

퀴즈 3

왼쪽 조각을 이용하여 만든 도형에 ◯표, 그렇지 않은 도형에 ×표 해 봐.

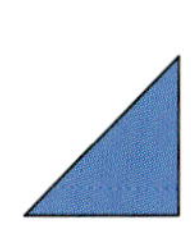  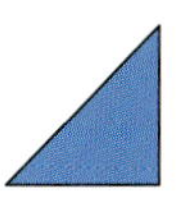

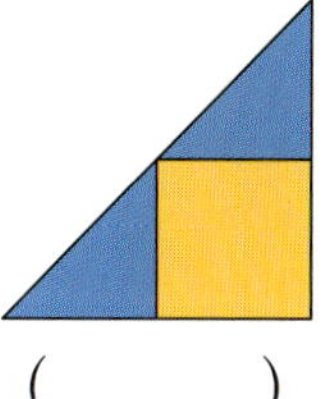 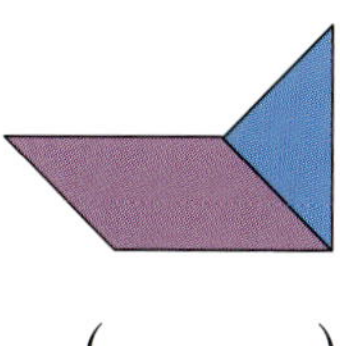

(   )   (   )

퀴즈 4

칠교판의 여러 조각을 이용하여 오른쪽 모양을 만들어 보자.

  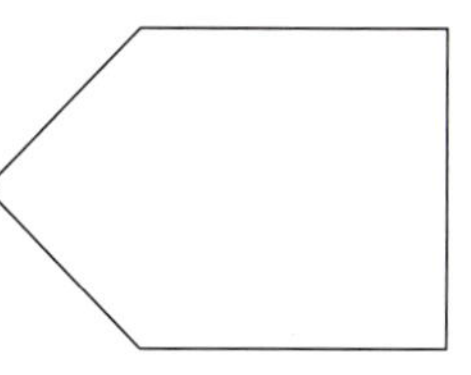

퀴즈 5

왼쪽 모양을 만드는 데 가장 많이 사용한 도형은 몇 개일까?

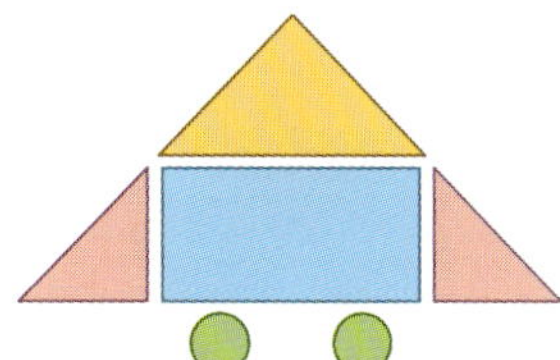

(   )

개념 스토리 1   변, 꼭짓점 알아보기

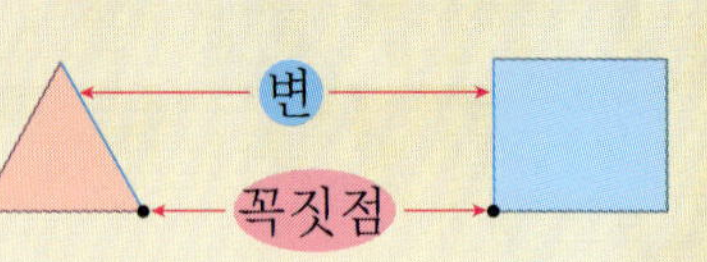

변 : 곧은 선
꼭짓점 : 뾰족한 부분

1

(   )

2

개념 스토리 2 — 원, 삼각형, 사각형 알아보기

	원	삼각형	사각형
변(개)	0	3	4
꼭짓점(개)	0	3	4

우물에 있는 원 모양을 보고 설명한 것을 읽고 맞으면 ○표, 틀리면 × 표 해 봐.

3 (　　　) 4 (　　　)

수레 바퀴에 있는 원 모양에 대해 바르게 말한 사람은 누구누구일까?

5

성하

도해

치우

(   )

개념 스토리 3 오각형, 육각형 알아보기

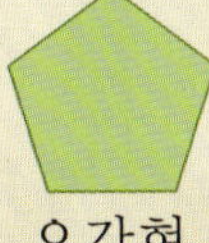

오각형

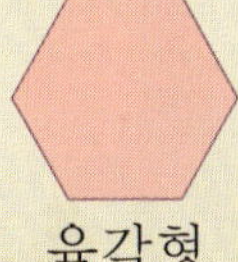

육각형

	오각형	육각형
변(개)	5	6
꼭짓점(개)	5	6

6

삼각형　　사각형　　오각형　　육각형

ㄱ

눈 •

코 •

입 •

• 삼각형

• 사각형

• 오각형

• 육각형

개념 스토리 4 점 종이 위에 다각형 그리기

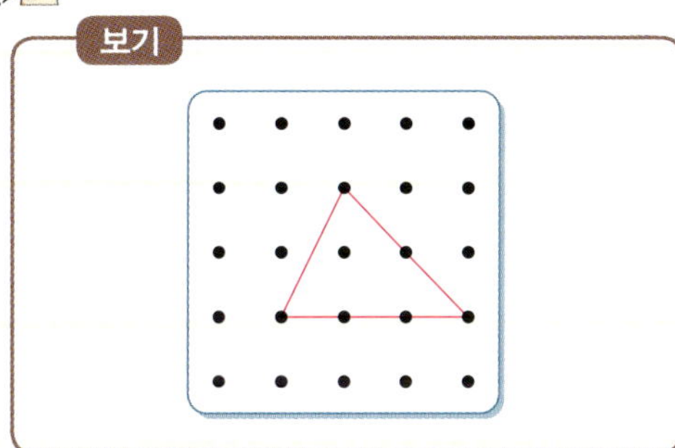

8

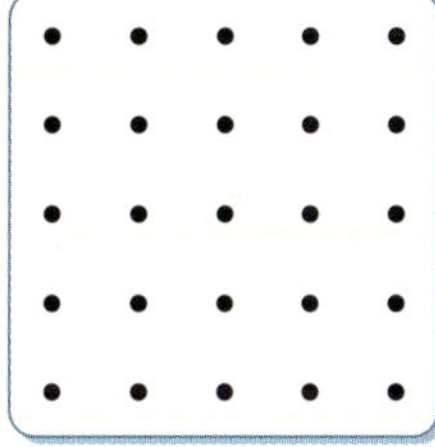

9

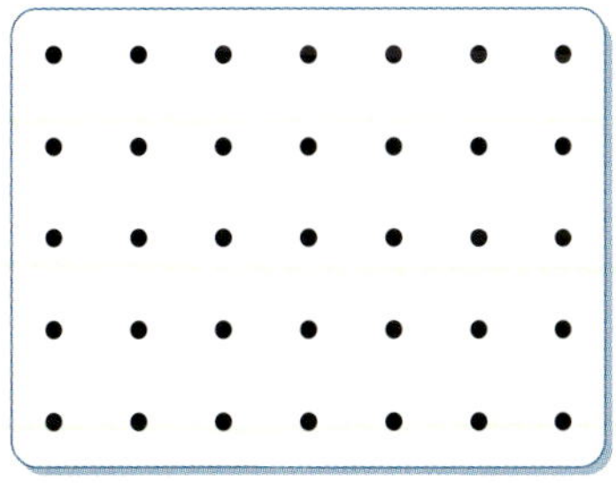

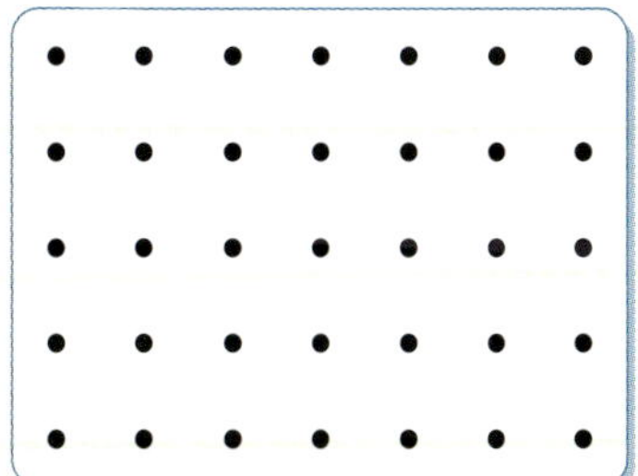

개념 스토리 5 — 칠교판으로 도형 만들기

삼각형 조각

사각형 조각

10

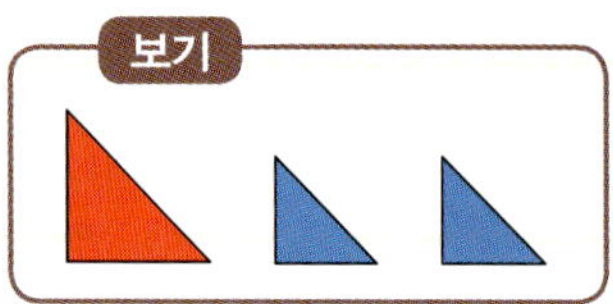

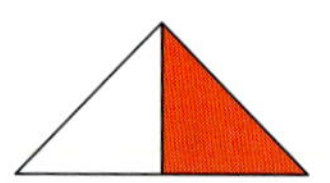

개념 스토리 6 함께 사는 도형 나라 만들기 수학 삼국지

원 3개, 삼각형 2개, 사각형 3개, 오각형 1개, 육각형 1개로 집을 만들었습니다.

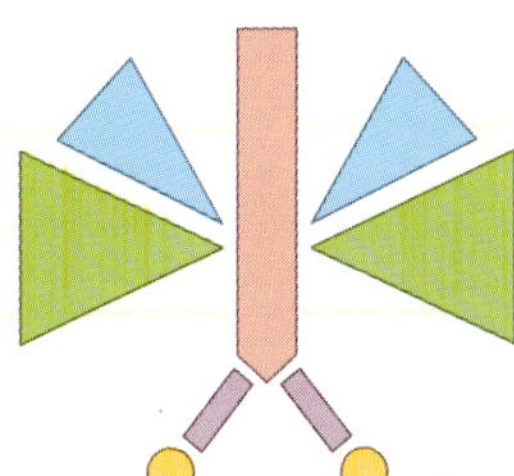

11 (　　　　　　)

12 (　　　　　　)

13 (　　　　　　)

• 세계 지도에서 발견한 삼각형

버뮤다, 마이애미, 푸에르토리코 세 지점을 이은 삼각형의 해역을 버뮤다 삼각지대라고 해. 이 해역은 '마의 바다'라고 불리기도 하는데 비행기와 배 사고가 자주 일어났고 사고 당한 배와 비행기의 조각과 시체가 발견되지 않았기 때문이지.

1609년부터 기록된 사고는 배 사고가 17번, 비행기 사고가 15번 정도 발생했다고 해. 기록되지 않은 사고는 엄청나다고 봐야겠지?

버뮤다 삼각지대의 사건에 대한 가설

1. 시공간 이동(웜홀)
2. 외계인의 장난
3. 거대 자석이 있어 끌어들임.
4. 바닷속의 ※메탄가스가 바다 위로 떠오르며 산소와 만나 불이 붙음.

 메탄가스 : 천연가스의 주성분으로 색, 냄새가 없고 불에 타기 쉬운 기체

Quiz

1. 세계 지도 위에 버뮤다 삼각지대와 같이 삼각형을 만들려면 몇 개의 지점을 연결해야 할까요?

- **우리가 사는 공간**

0차원
점으로만 이루어진 것을 0차원이라고 해.

1차원
점을 길게 늘여서 1차원의 선을 만들었어.

2차원
선을 길게 늘여서 2차원의 평면도형을 만들었어.

3차원

평면도형을 길게 늘여서 3차원의 입체도형을 만들었어. 우리가 사는 세상의 모든 것은 3차원으로 이루어져 있지.

우리의 주인공 치우, 성하, 도해는 시간 여행을 경험하고 있어.
영화 '백 투더 퓨처'와 '타임머신'도 시간 여행을 하는 내용이야.
그리고 우리가 사는 공간에서 4차원의 세계를 경험했다는 사람들도 있어.
그렇다면 우리가 사는 세계는 3차원이 아니라 4차원이 아닐까?

2. 사각형은 몇 차원인지 말하고 그렇게 생각한 이유를 설명해 보세요.

• 종이테이프로 오각형 만들기

우리 친구들도 다음 순서에 따라 종이테이프로 매듭을 지어 변의 길이가 모두 같은 오각형을 만들어 볼까? ➡ 준비물 : 종이, 가위, 자

1 우선, 종이를 잘라서 폭이 3cm이고 길이가 25cm인 종이테이프를 만들어.

2 그 다음, 종이테이프의 양쪽 끝 부분을 겹친 후에 한쪽 끝을 안쪽으로 넣어야 해.

3 이때, 종이테이프의 양쪽 끝을 주욱~ 당겨서 매듭이 지어지도록 하는 게 중요해. 매듭이 지어졌으면 이제 납작하게 눌러.

4 마지막으로 사진처럼 오각형이 되도록 튀어나온 부분을 자르면 끝~!

1화 개념 체크 46~47쪽

퀴즈 1
( ) (○) ( ) (○)
( ) ( ) (○) ( )
(○) ( ) ( ) ( )
( ) ( ) (○) ( )

퀴즈 2 CD

퀴즈 3 원

퀴즈 1

주어진 도형 중에서 동그란 모양의 도형을 찾아 ○표 합니다.

퀴즈 2

삼각자 : 삼각형
CD : 원
상자 : 사각형

퀴즈 3

풀과 동전을 대고 본을 떠서 그릴 수 있는 도형은 원입니다.

2화 개념 체크 82~83쪽

퀴즈 1
(△) ( ) (□)
(□) (△) ( )

퀴즈 2 꼭짓점, 변

퀴즈 3

퀴즈 4 예

퀴즈 1

삼각형 : 삼각자, 교통안전표지판
사각형 : 거울, 수학책

퀴즈 3

주어진 얼굴 모양에서 곧은 선의 개수와 곧은 선과 곧은 선이 만나는 뾰족한 부분의 개수를 각각 세어 봅니다.
• 삼각형 : 변 3개, 꼭짓점 3개
• 사각형 : 변 4개, 꼭짓점 4개

3화 개념 체크 124~125쪽

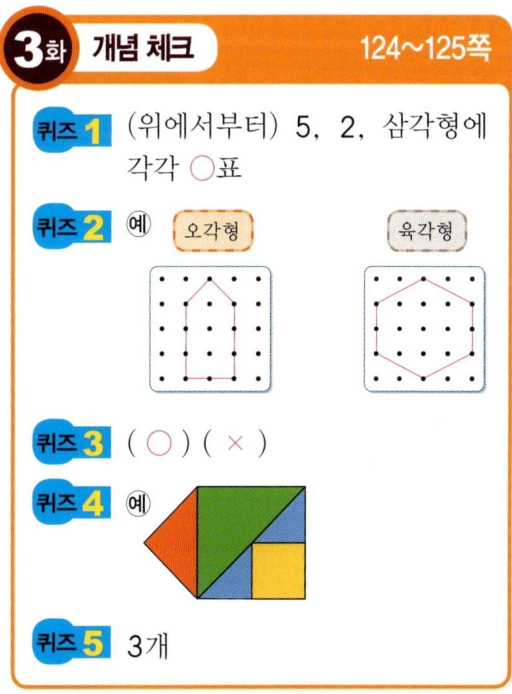

퀴즈 1 (위에서부터) 5, 2, 삼각형에 각각 ○표

퀴즈 2 예

퀴즈 3 (○) (×)

퀴즈 4 예

퀴즈 5 3개

퀴즈 1

칠교판에 삼각형은 5개, 사각형은 2개 있습니다.

퀴즈 5

삼각형 : 3개, 사각형 : 1개, 원 : 2개
⇨ 가장 많이 사용한 도형은 삼각형으로 3개입니다.

<table><tr><td>**스토리텔링 문제**</td><td>126~133쪽</td></tr></table>

1 꼭짓점

2

3 ○   **4** ×

5 성하, 치우

6 오각형, 육각형에 ○표

7

8

9 예

10

11 2개

12 오각형

13 삼각형

1 곧은 선과 곧은 선이 만나서 뾰족하게 된 부분은 꼭짓점입니다. 이때 곧은 선은 변을 나타냅니다.
- 변 : 곧은 선
- 꼭짓점 : 뾰족한 부분

2 오각형은 변의 개수가 5개이므로 곧은 선 5개를 모두 찾아 ○표 합니다.

3 원은 변이 없습니다. ⇨ ○표

4 원은 꼭짓점이 없습니다. ⇨ ×표

5 원의 특징을 알아봅니다.
- 뾰족한 부분이 없습니다.

- 곧은 선이 없습니다.
- 어느 방향에서 보아도 똑같은 모양입니다.
⇨ 따라서 바르게 말한 사람은 성하와 치우입니다.

6 축구공에 있는 도형은 오각형과 육각형입니다.
⇨ 오각형, 육각형에 ○표 합니다.

7 황건적의 얼굴에서 눈, 코, 입의 모양을 보고 어떤 도형인지 알아봅니다.
- 눈 : 오각형
- 코 : 삼각형
- 입 : 육각형

8 보기 와 같은 곳의 점을 찾은 후 점을 곧은 선으로 이어 똑같은 삼각형을 그립니다.

9 각각 4개의 점을 정한 후 곧은 선으로 이어 서로 다른 사각형을 그립니다.

10 가장 큰 조각인 빨간색 삼각형이 놓여 있으므로 파란색 삼각형을 길이가 같도록 변끼리 이어 붙여 삼각형을 만듭니다.

11 동그란 모양의 도형인 원은 2개 있습니다.

12 원 : 2개, 삼각형 : 4개,
사각형 : 2개, 오각형 : 1개
⇨ 1<2<4이므로 개수가 가장 적은 도형은 오각형입니다.

13 원 : 2개, 삼각형 : 4개,
사각형 : 2개, 오각형 : 1개
⇨ 4>2>1이므로 개수가 가장 많은 도형은 삼각형입니다.

<table><tr><td>**수학 지식의 백과사전**</td><td>134~138쪽</td></tr></table>

1 3개

2 예 1차원의 선을 길게 늘리면 사각형이 만들어지므로 사각형은 2차원입니다.